LAS PARTES DE UNA PLANTA

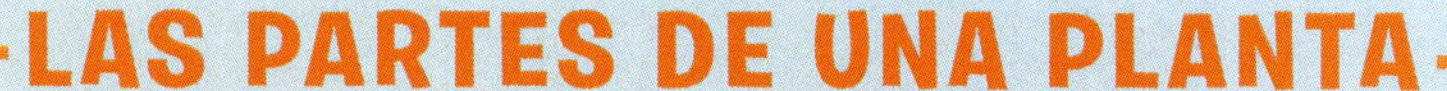

# FLORES

## Un libro de Las Raíces de Crabtree

ALICIA RODRIGUEZ

Traducción de Pablo de la Vega



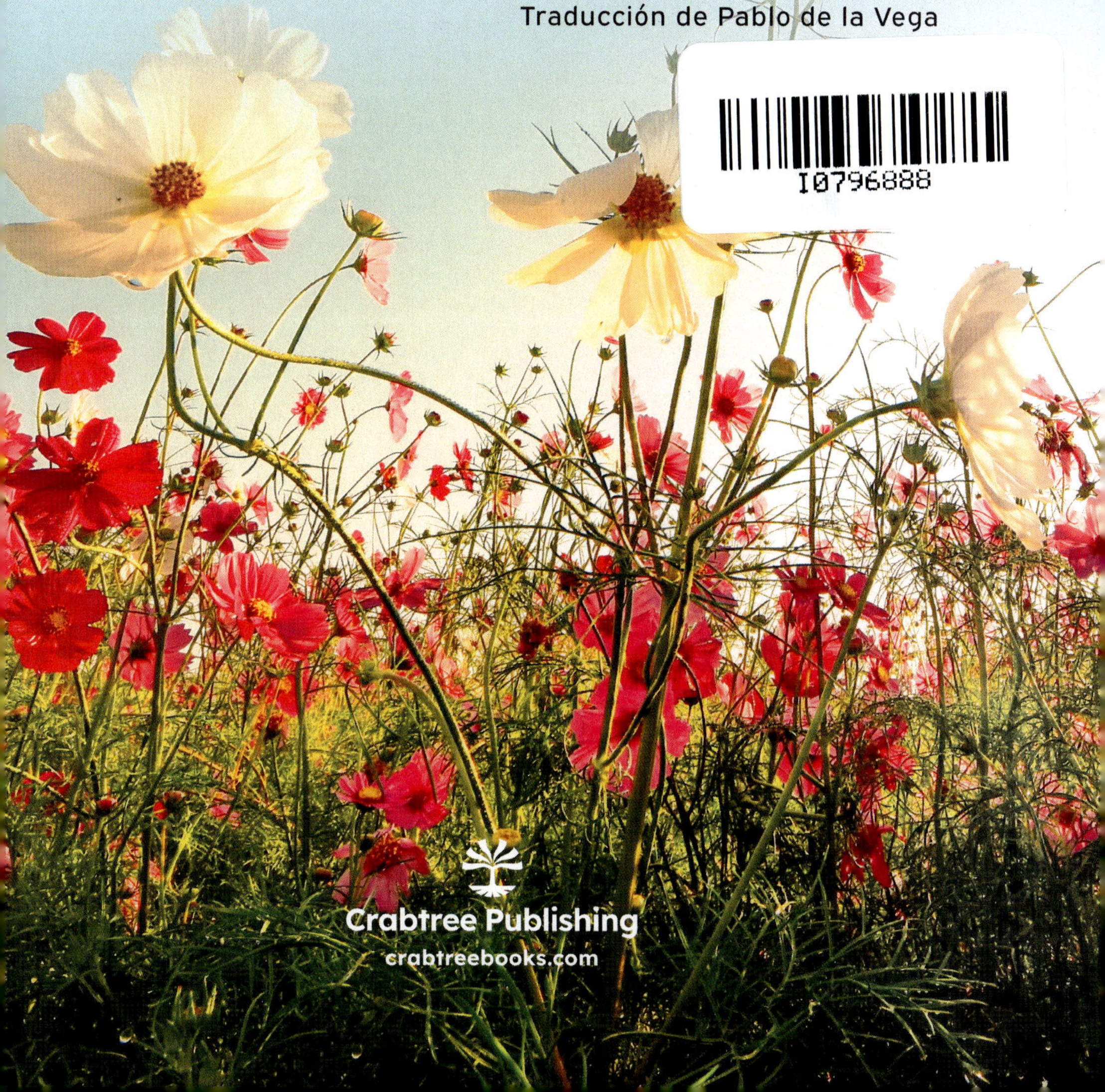

Crabtree Publishing

crabtreebooks.com

# Apoyos de la escuela a los hogares para cuidadores y maestros

Este libro ayuda a los niños en su desarrollo al permitirles practicar la lectura. Abajo están algunas preguntas guía para ayudar al lector a fortalecer sus habilidades de comprensión. En rojo hay algunas opciones de respuesta.

## Antes de leer:

- ¿De qué pienso que trata este libro?
  - *Este libro es sobre flores.*
  - *Este libro es sobre cómo son las flores.*
- ¿Qué quiero aprender sobre este tema?
  - *Quiero aprender de qué colores puede ser una flor.*
  - *Quiero aprender qué tan grandes pueden ser las flores.*

## Durante la lectura:

- Me pregunto por qué...
  - *Me pregunto por qué las plantas producen flores.*
  - *Me pregunto por qué la gente corta las flores.*
- ¿Qué he aprendido hasta ahora?
  - *Aprendí que las flores tienen pétalos.*
  - *Aprendí que las flores pueden ser grandes o pequeñas.*

## Después de leer:

- ¿Qué detalles aprendí de este tema?
  - *Aprendí que las flores pueden ser de diferentes colores.*
  - *Aprendí que las flores pueden producir polen.*
- Lee el libro una vez más y busca las palabras del vocabulario.
  - *Veo la palabra* ***pétalos*** *en la página 8 y la palabra* ***polen*** *en la página 10. Las demás palabras del vocabulario están en la página 14.*

Esta es una **flor**.

Algunas flores
son grandes.

Algunas flores
son pequeñas.

Algunas flores tienen **pétalos**.

Algunas flores
producen **polen**.

¡Todas las flores son lindas!

# Lista de palabras

## Palabras de uso común

| | | |
|---|---|---|
| algunas | las | todas |
| es | son | una |
| esta | tienen | |

## Palabras para conocer

**flor**

**pétalos**

**polen**

# 25 palabras

Esta es una **flor**.

Algunas flores son grandes.

Algunas flores son pequeñas.

Algunas flores tienen **pétalos**.

Algunas flores producen **polen**.

¡Todas las flores son lindas!

LAS PARTES DE UNA PLANTA

# FLORES

## Crabtree Publishing

crabtreebooks.com 800-387-7650



In Canada: We acknowledge the financial support of the Government of Canada through the Canada Book Fund for our publishing activities.

| | |
|---|---|
| Hardcover | 978-1-4271-4094-4 |
| Paperback | 978-1-4271-4100-2 |
| Ebook (pdf) | 978-1-4271-4082-1 |
| Epub | 978-1-4271-4088-3 |
| Read-along | 978-1-4271-4106-4 |
| Audio book | 978-1-4271-3934-4 |

Printed in Canada/082023/CPC20230804

**Published in Canada**
**Crabtree Publishing**
616 Welland Avenue
St. Catharines, Ontario
L2M 5V6

**Published in the United State**
**Crabtree Publishing**
347 Fifth Avenue
Suite 1402-145
New York, NY 10016

Written by: Alicia Rodriguez
Designed by: Rhea Wallace
Series Development: James Earley
Proofreader: Ellen Rodger
Educational Consultant: Marie Lemke M.Ed.
Translation to Spanish: Pablo de la Vega
Spanish-language layout and proofread: Base Tres

Photographs: Shutterstock: Serhii Brovko: cover; luckfarm: p. 1; dookfish: p. 3, 14; djgis: p. 5; Nazmin Sultana: p. 7; nana77777: p. 9, 14; Marie C Fields: p. 11, 14; tratons: p. 12-13

**Library and Archives Canada Cataloguing in Publication**

Title: Flores / Alicia Rodriguez.
Other titles: Flowers. Spanish
Names: Rodriguez, Alicia (Children's author), author. | Vega, Pablo de la, translator.
Description: Series statement: Las partes de una planta | Translation of: Flowers. | Translation to Spanish: Pablo de la Vega. | "Un libro de las raíces de Crabtree". | Text in Spanish.
Identifiers: Canadiana (print) 20210210133 | Canadiana (ebook) 20210210141 | ISBN 9781427140944 (hardcover) | ISBN 9781427141002 (softcover) | ISBN 9781427140821 (HTML) | ISBN 9781427140883 (EPUB) | ISBN 9781427141064 (read-along ebook)
Subjects: LCSH: Flowers—Juvenile literature.
Classification: LCC QK653 .R6318 2022 | DDC j575.6—dc23

**Library of Congress Cataloging-in-Publication Data**

Names: Rodriguez, Alicia (Children's author), author.
Title: Flores / Alicia Rodriguez.
Other titles: Flowers. Spanish
Description: New York, NY : Crabtree Publishing, [2022] | Series: Las partes de una planta- un libro de las raíces de Crabtree | Includes index.
Identifiers: LCCN 2021020225 (print) | LCCN 2021020226 (ebook) | ISBN 9781427140944 (hardcover) | ISBN 9781427141002 (paperback) | ISBN 9781427140821 (ebook) | ISBN 9781427140883 (epub) | ISBN 9781427141064
Subjects: LCSH: Flowers--Juvenile literature. | Plants--Juvenile literature.
Classification: LCC QK49 .R6618 2022 (print) | LCC QK49 (ebo
DDC 581--dc23
LC record available at https://lccn.loc.gov/2021020225
LC ebook record available at https://lccn.loc.gov/2021020226